CHEMIN DE FER

DE

PARIS A SAINT-GERMAIN.

IMPRIMÉ CHEZ PAUL RENOUARD, RUE GARANCIÈRE, 5.

DESCRIPTION

DU CHEMIN DE FER

DE

PARIS A SAINT-GERMAIN,

AVEC LE PLAN TOPOGRAPHIQUE DE LA ROUTE;

PRÉCÉDÉ DE CONSIDÉRATIONS

SUR LES PROGRÈS ET LES AVANTAGES DES CHEMINS DE FER;

Par M. de Rouvières,

INGÉNIEUR CIVIL ET MEMBRE DE PLUSIEURS
SOCIÉTÉS SAVANTES.

PARIS.

AU CERCLE BRITANNIQUE,

55, RUE NEUVE-SAINT-AUGUSTIN,

PRÈS LA RUE DE LA PAIX.

CHEMIN DE FER

DE

PARIS A ST-GERMAIN.

HISTOIRE ET DESCRIPTION

DES TRAVAUX D'ART.

CONSIDÉRATIONS GÉNÉRALES.

Ce n'est que vers la fin du dix-huitième siècle que l'on a commencé à étudier avec une attention sérieuse les lois de la vitesse et de la résistance, pour en appliquer les résultats aux moyens de transport. Sans doute avant cette époque on avait creusé des canaux, dallé des routes, comblé des vallons, aplani des montagnes ; mais les entrepreneurs de ces grands travaux obéissaient plutôt à un vague sentiment de gloire et d'ambition qu'à une théorie rigoureusement arrêtée. C'était moins pour favoriser les intérêts particuliers, que pour consolider leurs conquêtes ou en préparer de nouvelles, que Rome et Carthage sillonnaient leur empire de ces magnifiques voies, dont la construction solide et monumentale étonne encore nos regards. On comptait en Sicile plus de six cents lieues pavées par les

Romains, près de cent dans la Sardaigne, soixante-treize
en Corse, onze cents dans les Iles Britanniques, un nombre beaucoup plus considérable en Italie, dans la Gaule
et en Espagne; quatre mille deux cent cinquante dans
l'Asie, quatre mille six cent soixante-quatorze en Afri-
que, etc., etc. De savans géographes ont calculé que le
parcours réuni de toutes les grandes voies romaines pou-
vait avoir quarante mille lieues; mais aucune d'elles ne
se rattachait à un système de communication suivi; la plupart longeaient le littoral des différentes mers pour sou-
tenir les opérations de la flotte dont les galères étaient
chaque soir tirées à terre : c'étaient, en un mot, des routes stratégiques sur lesquelles les légions romaines s'a-
vançaient pour conquérir le monde. Le système de via-
bilité des peuples modernes n'a aucun point de ressem-
blance avec ceux qui l'ont précédé. Créées dans un but
tout pacifique, nos routes ne tendent qu'à rendre plus fa-
ciles les relations commerciales, à rapprocher les divers
foyers de production et à accroître les débouchés de
l'industrie. Les perfectionnemens apportés à la navigation
intérieure et extérieure ont déterminé une grande partie
de cette révolution; c'est aux chemins de fer à accomplir
le reste.

La première application de ce système de communication perfectionnée date du dix-septième siècle. En 1649,
un M. Beaumont vint à Newcastle-upon-Tyne, où il fit
une série d'expériences sur l'exploitation des houillères
et sur le *transport* de leurs produits dans des *voitures
d'une construction nouvelle*. Quoique l'on ne sache
pas précisément en quoi consistait son invention, M. Ward
le regarde comme le premier inventeur des *rail-ways*,
et, comme tous les inventeurs, il se ruina. Néanmoins il
est certain qu'en 1676 des routes de ce genre existaient;

car dans la vie du lord garde-des-sceaux, North, on trouve le passage suivant : « La manière de faire le trans-
« port consiste à poser des *rails* de bois, depuis la houil-
« lère jusqu'à la rivière, parfaitement droits et parallèles
« entre eux. On fait ensuite de gros chariots avec quatre
« rouleaux qui s'adaptent à ces rails, ce qui rend le
« transport si facile qu'un seul cheval est en état de tirer
« quatre à cinq *chaldrons* (8 à 10 mille livres) de char-
« bon, immense avantage pour les marchands. » L'obser-
vation était très juste : en effet, sur un pavé neuf et bien exécuté, la résistance est quatre fois plus considérable que sur un chemin en fer; sur une route en cailloux, cette résistance est huit fois plus forte, et sur une route en gravier seize fois plus.

Cependant le peu de solidité et de durée que présen-taient ces voies en bois obligea de les revêtir de plaques de fer ou de fonte, dans les parties où le frottement était le plus fort. En 1767, on employa exclusivement la fonte. Les premiers rails qu'on fit de cette manière consistaient en bandes plates avec un rebord ou épaulement intérieur, mais on sentit bientôt l'avantage de construire les che-mins à rails saillans et en fer malléable. En 1788, on imagina de faire agir le poids même des chariots des-cendant le long de plans inclinés, au moyen d'une com-binaison de poulies. En 1808, on commença à placer au sommet des rampes, des machines à vapeur qui firent tourner un treuil, sur lequel s'enroulait une corde fixée par l'une de ses extrémités aux chariots qu'il fallait éle-ver. Enfin, en 1810, on fit usage des machines loco-motives. Depuis ce temps le nombre des chemins de fer en Angleterre servant au transport, soit par la force animale, soit par celle de la vapeur, s'est successivement accru. Liverpool et Manchester, Carlisle, Newcastle, le comté de Glamorgan, Cardiff et Mestyr Tydwill, Cromford and High Peak, Birmingham et Bristol, Leeds et Selby, Canterbury et Whistable, etc., etc., en Angleterre, ont abrégé les distances qui les séparaient en créant des chemins de fer ; l'Ecosse et l'Irlande ont suivi l'exemple de la métropole, mais sur une moindre échelle. La plupart de ces entreprises sont en pleine prospérité, et chaque jour il s'en forme de nouvelles. Le parcours actuel de toutes ces routes est de trois cent quarante milles (113 lieues.)

Parmi ces chemins, l'un des plus intéressans, quoiqu'il soit un des moins longs, est celui de Londres à Greenwich. Ce rail-way forme un viaduc, élevé de 22 pieds au-dessus du sol et se compose de mille arches, commençant au bas du pont de Londres et se terminant à Bexley-place, à Greenwich. La longueur totale de ce chemin est de 3 milles 3/4. La dépense a été estimée à 437,000 £. (10,925,000 fr.)

Douze ans se sont à peine écoulés depuis que ce nouvel instrument a été livré à l'industrie ; et dans ce laps de temps, que d'essais, que de changemens, que de modifications ont été tentés, réalisés, abandonnés ou suivis. Qu'il y a loin de cette *Fusée* et de cette *Nouveauté* qui firent en 1829 l'admiration des juges du concours de Manchester, à la *Seine*, au *Saint-Germain* et au *Louis-Philippe* qui fonctionnent sur les rails de Paris à Saint-Germain ! La science des constructeurs a fait des progrès immenses ; et cependant combien de perfectionnemens, combien de problèmes il leur reste encore à introduire et à résoudre ! Chaque expérience fournit des indications nouvelles. Dernièrement on a remplacé les anciens rails, qui étaient trop légers par des rails qui pèsent de 60 à 65 livres, et qui ont 4 pieds de portée ; le poids du *chair* a été aussi augmenté : il est aujourd'hui de 20 livres aux joints et aux points intermédiaires. Toutes les nouvelles machines sont montées sur six roues, et toutes les roues sont en fonte; les anciennes voitures que l'on répare reçoivent une addition de deux roues. Les cylindres qui étaient autrefois disposés en dehors des roues sont placés à l'intérieur; on a agrandi aussi la boîte à feu, dispositions qui toutes donnent plus de puissance aux machines et qui diminuent les oscillations horizontales. Voici aujourd'hui quel en est le modèle le plus parfait. La machine est accompagnée de son *Tender*, magasin à eau et à charbon.

Malgré ces hésitations et malgré ces expériences coûteuses, les résultats des entreprises de chemins de fer deviennent chaque jour plus sûrs et plus importans. En 1835 les divers chemins de l'Angleterre ouverts à la circulation ont transporté dix millions de voyageurs, 2,230,000 tonnes de marchandises; 300,000 bêtes à cornes et 1,700,000 moutons et cochons; le bénéfice réalisé par les entrepreneurs s'est élevé à 2,000,000 £. (50,000,000 fr.) Dans un seul semestre, le chemin de Liverpool a donné 46,000 £.

(1,150,000 fr.) de produit. Aussi, ces administrations rétribuent-elles largement tous leurs employés; l'ingénieur en chef reçoit 2000 £. (50,000 f.) par an ; les ingénieurs secondaires 500 £. (12,500 fr.) quelquefois moins, jamais au-dessous de 200 £. (5000 fr.); le réparateur des machines touche 4 guinées (104 fr.) par semaine ; l'*engineer* (conducteur) 36 shillings (45 fr.); le *stocker* (chauffeur) une guinée (26 fr. 50 c.). En général le salaire des ouvriers sont de 3 à 5 shillings (3 fr. 75 à 6 fr. 25 cent.) par jour.

AVANTAGES DES CHEMINS DE FER.

Les avantages des chemins de fer sont aujourd'hui si bien appréciés en Europe, que de toutes parts on en construit. La Russie, ce pays, si arriéré, aura bientôt deux chemins de fer. La Belgique, qui n'invente rien, mais qui profite du travail des autres, a une ligne très suivie, composée de trois embranchemens.

St-Etienne, Roanne, Lyon sont maintenant à quelques heures de distance ; sous peu le midi de la France sera doté de deux nouvelles lignes. Naples, la Grèce, la Turquie, l'Egypte travaillent aussi à perfectionner leurs moyens de communication. Aux Etats-Unis les chemins de fer se comptent par centaines; et la Havane, au milieu de l'Archipel des Antilles en a déjà un.

Un bon chemin est en réalité une des machines les plus efficaces qui servent à économiser le travail, à réduire le prix des objets qui viennent de loin, à donner une plus grande valeur à ceux du pays, à multiplier les échanges, et à accélérer la production dans toutes les branches de l'industrie, avantages de la plus haute importance, et qui font que la facilité de transporter les marchandises équivaut à une plus grande fertilité de la terre. Avant de parler de la supériorité qu'ont les chemins en fer sur tous ceux construits d'après les anciens systèmes, nous ferons observer que, sur ceux pratiqués pour les voitures, trente chevaux suffisent pour traîner le même poids que cent peuvent à peine porter à dos sur les routes accessibles aux charrois. On calcule aussi que les frais d'entretien de dix chevaux. sur les soixante-dix que l'on peut économiser au moyen des routes accessibles aux voitures, suffisent pour entretenir le chemin dans le meilleur état possible.

Sur les chemins en fer, un seul cheval traîne 145 quintaux, charge que peuvent à peine traîner huit chevaux sur un bon chemin ordinaire. Le cheval fait en outre quatre milles (1 lieue 1/3) à l'heure, tandis que les huit chevaux qui traînent une charge égale sur une route ordinaire, font tout au plus deux milles et demi (3/4 de lieue) à l'heure ; en sorte que, dans ce cas on économise plus de la moitié du temps et les sept huitièmes des bestiaux. D'après des documens recueillis par M. Derby, propriétaire d'une des principales entreprises de voitures à vapeur de la Grande-Bretagne, il résulte qu'il est employé sur chaque cent milles de route (33 lieues) mille chevaux pour le service des voitures publiques qui les parcourent régulièrement. Comme dans les Trois-Royaumes il y a 5000 milles de routes royales, le service des voitures publiques occupe donc 50,000 chevaux. Or, comme le terrain nécessaire pour produire la nourriture d'un cheval peut assurer l'existence de cinq personnes, la Grande-Bretagne, par la seule application de la machine à vapeur aux voitures publiques, avec la même étendue de terrain qu'elle cultive aujourd'hui, pourra donc alimenter 250,000 personnes de plus , aussitôt que les diligences à vapeur desserviront toutes les routes.

En France, l'action des chemins de fer ne s'arrêtera pas là. L'approvisionnement des marchés de Paris devient chaque jour plus difficile, à mesure que la population augmente et que les terres voisines s'appauvrissent. Aujourd'hui, dans l'état actuel de nos communications intérieures, on ne peut tirer le lait, le beurre, les légumes et certaines espèces de fruits, que d'endroits très rapprochés de la capitale. Aussi tous ces objets renchérissent-ils chaque jour ; aussi ne néglige-t-on aucun expédient pour obtenir, d'un espace de terre donné, la plus grande quantité possible de produits. Le maraîcher et le nourrisseur des environs de Paris ne reculent devant aucune fraude, devant aucun moyen pour arriver à ce résultat : les vaches sont maintenues dans un état permanent de fièvre, et le jardinage ne pousse qu'à force de fumier ; qu'en advient-il ? les légumes qui paraissent sur nos tables sont sans saveur, et le lait nous arrive presque décomposé.

Lorsqu'il existera de longues lignes de chemin de fer qui aboutiront à Paris, après avoir traversé des campagnes fertiles, les fermiers et les autres producteurs, que le défaut de moyens de transport a jusqu'ici empêchés de concourir à l'approvisionnement de ce grand marché, pourront facilement entrer en concurrence avec ceux qui exercent maintenant ce privilège, en quelque sorte exclusif. Il est certains produits de la laiterie et du jardinage qui, ne se conservant que très peu de temps, doivent être livrés au consommateur presque aussitôt qu'on les a obtenus. La vitesse des transports sur un chemin de fer étant six ou sept fois plus grande que celle des chariots sur une route ordinaire, il en résultera que ces mêmes produits pourront être expédiés à Paris de tous lieux situés à une distance de la capitale six ou sept fois plus considérable. S'il existait des lignes dans toutes les directions et ayant des embranchemens suffisans, le lait, les légumes et les autres objets de consommation qui ne sont pas de garde, pourraient être fournis à la métropole par une étendue de pays trente-six ou quarante-neuf fois plus grande que celle d'où lui arrivent aujourd'hui ces mêmes articles. En étendant ainsi la concurrence, la fraude ne serait plus possible, et notre santé y gagnerait. On le voit, cette plus grande facilité dans les communications, tout en augmentant le bien-être des consommateurs, sert puissamment les intérêts des propriétaires et des producteurs.

HISTOIRE ET DESCRIPTION DU CHEMIN DE FER DE PARIS A SAINT-GERMAIN.

Le chemin de fer de Paris à Saint-Germain, concédé par une loi en date du 9 juillet 1835, doit partir de la place Tronchet et arriver au Pecq, faubourg de Saint-Germain, à côté du pont qui vient d'y être construit sur la Seine, et qui, par une route neuve tracée dans la situation la plus pittoresque, met en communication la ville de Saint-Germain avec le port du Pecq. Le développement du chemin de fer est de 18,430 mètres environ. Jusqu'à ce que l'administration ait vaincu les difficultés que soulèvent de toutes parts les propriétaires des maisons à l'intérieur de Paris, l'entrée principale du chemin sera à la place de l'Europe; lorsque ces difficultés seront vaincues, l'embouchure du chemin de fer sera près de la Madeleine, et le parcours dans l'intérieur des rues se fera sur de magnifiques viaducs en fonte, dont nous reproduisons ici le modèle. Ces constructions seront à-la-fois légères, élégantes et monumentales.

A son point de départ de Paris, le chemin est à 40^m 55 au-dessus du niveau de la mer. Sa hauteur, par rapport au même niveau, est de 31^m 479 à son arrivée au Pecq; la différence de hauteur des deux extrémités est ainsi de 8^m 107. Le chemin de fer passe ensuite sous la place de l'Europe en souterrain; le développement de cette partie souterraine et de 264 mètres, le chemin entre en tranchée jusqu'à l'aqueduc de ceinture qui est voisin du mur d'enceinte, et où s'ouvre un troisième souterrain d'une longueur de 403 mètres, et qui conduit jusqu'au-delà de la rue de la Paix dans les Batignolles, en passant sous le boulevard extérieur et sous les rues des Dames et de la Paix. A 20 mètres de cette rue, le chemin de fer rentre en tranchée; la rue d'Orléans est traversée au moyen de ponts qui sont établis au niveau des rues et sous lesquelles passe le chemin.

Dans le prolongement de la rue Cardinet, un autre pont est construit pour rétablir à-la-fois la communication du chemin de Monceaux à Clichy, interrompue par le chemin de fer, et pour assurer le développement de la rue Cardinet dans l'avenir. Ce pont passe au-dessus du chemin de fer.

Immédiatement après le pont, est établie une gare de 250 mètres de long et de 100 mètres de large, destinée à recevoir en stationnement les marchandises arrivant de Saint-Germain, et qui viendront, près de Paris, attendre les besoins de la consommation. Cet établissement est du plus haut intérêt pour le commerce des Batignolles, où il créera un vaste marché de combustibles et autres matières premières.

Le chemin de fer continue ensuite en remblais et en ligne droite jusqu'à la traversée de la Seine à Asnières, à 120 mètres en amont du pont déjà construit dans ce lieu. Le pont du chemin de fer cinq magnifiques arches de 30 mètres chacune.

Dans la traversée de la commune de Clichy, une gare est établie pour les voyageurs; il en est de même dans la commune d'Asnières.

Le grand alignement qui vient des Batignolles se prolonge dans la commune d'Asnières sur 500 mètres environ; une courbe de 2,000 mètres de rayon, et d'un développement de 2,365, commence ensuite, et s'étend jusqu'au milieu de la garenne de Colombes sur la commune de ce nom.

Là commence un alignement qui s'étend jusque sur la commune de Rueil, en traversant toute celle de Nanterre, où est établie, près de la porte aux Vaches, une gare pour les voyageurs.

Une courbe de même rayon que la précédente raccorde ce grand alignement avec celui du bois du Vésinet, et dans son développement rencontre deux bras de la Seine, séparés par l'île du Chiard ; deux ponts sont établis pour cette double traversée : celui du côté de Marly a trois arches de 28 mètres chacune, celui du côté de Croissy a trois arches de 30 mètres chacune.

A l'entrée du bois du Vésinet, la courbe se raccorde à l'alignement qui va jusqu'au Pecq, où sont établis, sur la gauche du pont, une vaste gare pour le départ et l'arrivée des voyageurs ; et pour les marchandises venant de l'Oise et de la Seine.

Les trois grandes courbes du chemin de fer, celle des Batignolles, celle de Colombes et celle de Nanterre sont de niveau, et ont 2,000 mètres de rayon ; les trois grands alignemens des Batignolles à Asnières, de Colombes à Rueil, et de Chatou au Pecq, ont leurs pentes et contre-pentes réglées à 1 millimètre par mètre. Les ingénieurs ont calculé que l'effort des tractions nécessaires pour gravir ces pentes est égal à celui qui est nécessaire pour parcourir des courbes de 2,000 mètres de rayon et de niveau, en sorte que les machines locomotives auront partout à faire le même effort de traction.

A l'entrée dans Paris, le rayon des courbes est diminué à 900 mètres et à 800 mètres ; cette disposition est commandée par la localité ; elle contribue d'ailleurs à amortir la rapidité du mouvement des machines à leur arrivée.

Le chemin de fer est plus court que l'ancienne route de terre en prenant pour terme de comparaison le même point d'arrivée au bas de St.-Germain ; il abrège des deux tiers le parcours de la Seine; du Pecq à Paris la Seine a un développement de 52,000 mètres ; le chemin de fer n'a que 18,430 mètres. C'est entre le Pecq et Paris que se rencontrent les plus grandes difficultés du fleuve ; le pertuis de la Morue, le resserrement des îles de la machine de Marly, les baissiers d'Argenteuil, de St.-Ouen et de Neuilly, et surtout les quatorze ponts qui coupent la Seine entre le Pecq et le quai d'Orsay occasionnent de grands frais à la navigation et une grande perte de temps.

DESCRIPTION PITTORESQUE DU CHEMIN DE FER.

Le chemin de Paris à Saint-Germain, dont nous reproduisons ici l'entrée principale , qui se trouve *place de l'Europe* , présente comme un résumé de tous les travaux que des entreprises de ce genre peuvent être appelées à exécuter. Deux souterrains, l'un à quatre voies sous deux voûtes parallèles, l'autre à quatre voies sous une seule voûte; trois grands ponts sur Seine, dont un est à trois voies et a 150 mètres de débouché, cinq ponts pour en faire passer d'autres au-dessous, des tranchées dont la profondeur va jusqu'à 17 mètres, des remblais de 10 et 20 mètres de hauteur, une carrière de pierre traversée en pleine masse, tous ces travaux composent un ensemble plein d'intérêt et de grandeur. Le paysage prête un nouveau charme à ce voyage. A la traversée de la Seine à Asnières, on découvre à-la-fois l'Arc-de-Triomphe et l'église de St-Denis, les îles de Neuilly et celles d'Asnières; puis le territoire de Colombes présente ses cultures parsemées d'arbres; il semble qu'on traverse un immense jardin anglais. Près de Nanterre, la scène change d'aspect : là, le sol est nu, le terrain pauvre, la culture peu soignée. Un peu plus loin, on se trouve au milieu d'une vaste exploitation de carrière, et bientôt après, du haut du remblai de Rueil qui traverse toute la plaine sur 6 et 7 mètres de hauteur, on jouit de la vue des magnifiques coteaux de la Malmaison, de la Jonchère et de Marly. A la traversée de la Seine à Chatou, cette vue devient admirable. L'on entre enfin dans le joli bois du Vésinet qu'on traverse sur trois quarts de lieue de long, et l'on arrive devant le magnifique amphithéâtre où se développe Saint-Germain et que domine la terrasse.

Après avoir quitté Paris, les Batignolles et Clichy-la-Garenne, sur la droite et en débouchant dans la plaine, le premier village que l'on rencontre, c'est :

Asnières (8) [1], à une lieue et demie nord-ouest de Paris,

[1] N. B. Les chiffres entre parenthèses, placés à la suite des noms

sur les bords de la Seine, canton et justice de paix de
Courbevoie , arrondissement de Saint-Denis. Population
5 à 600 âmes. Asnières est un joli village, qui se recom-
mande aux habitans de Paris par ses sites délicieux et
ses excellentes fritures de poisson. L'église est de construction moderne, d'une architecture simple, et ne man-
que pas d'une certaine élégance. Deux places publiques
s'ouvrent, l'une devant l'église, l'autre presque à l'entrée du village; cette dernière est remarquable par sa
grandeur, ses plantations d'arbres et sa belle pelouse.
Peu de communes dans les environs de Paris possèdent
un semblable ornement. En face de l'entrée du village est
situé le pont qui porte le nom d'*Asnières*. Les piles sont en
pierre et les arches en bois ; il est sujet à un péage , et des-
sert à-la-fois la nouvelle route départementale de Paris à
Pontoise et celle de Paris à Genevilliers.

de lieux , sont des renvois à la carte topographique placée à la fin
de ce volume.

Le pont du chemin de fer est parallèle à celui-ci. Asnières renferme plusieurs maisons de campagne, parmi lesquelles on distingue celles de MM. de Prony, pair de France; Duchenay, négociant; Bapst, joaillier du roï; Rigaud, agent de change. Elles sont fort belles, et quelques-unes ont des parcs très étendus. Les loyers d'habitation à Asnières varient de 200 à 500 fr. pour un ménage bourgeois, et ils s'élèvent jusqu'à 2000 fr. pour une maison entière avec dépendances. Le prix de l'arpent (900 toises) varie depuis 800 jusqu'à 2000 fr., selon sa fertilité. Après avoir franchi la Seine, le chemin décrit une courbe, laisse Courbevoie (9) au sommet du triangle qu'il forme avec les anciennes routes, traverse une partie de l'ancien parc de la Garenne (10) et passe à une très petite distance de Colombes.

Colombes (11), situé à un quart de lieue d'Asnières, compte 1700 habitans environ; les maisons, situées sur les rives de la Seine, sont sujettes à être submergées et ont nécessité l'établissement de plusieurs digues. L'église, d'une construction gothique, n'offre rien de remarquable; mais le pélerinage à Sainte-Julienne s'y fait avec ferveur le 24 août. Parmi les belles maisons de campagne qui avoisinent Colombes, on distingue surtout celle de madame la baronne Tarondelet : elle est entourée d'un parc d'une très grande étendue. Le territoire de Colombes se compose de terres labourables, de prés, de vignes, de bois taillis; les meilleures terres sont celles qui avoisinent la Seine. Le prix de l'hectare varie de 3 à 5000 francs, et le prix des locations annuelles varie de 120 à 200 francs. Depuis la Garenne le chemin suit une ligne droite, passe à côté d'une manufacture enfumée (20) et effleure Nanterre.

Nanterre (14), à trois lieues ouest de Paris, canton

et justice de paix de Courbevoie , arrondissement de
Saint-Denis, a 2 ou 3000 habitans. Nanterre était autrefois une des villes fortes de l'Ile-de-France. Elle fut long-
temps considérable ; mais déjà ravagée par les Normands,
elle fut en 1346 brûlée et détruite de fond en comble par
Edouard III. L'église paroissiale , construite en 1300,
est sous l'invocation de Saint-Maurice. Il y a peu de propriétés remarquables à Nanterre. Nous citerons cependant celles de M. de Pongerville, membre de l'Institut et
maire de Nanterre ; de M. Tallet, ancien agent de change;
de MM. Saulieu, Nogaret et de madame Laffitte. Le prix
moyen de l'arpent de terre labourable à Nanterre est de
1500 francs, celui du terrain propre à bâtir de 7 à 8000
francs. Tous les ans le conseil municipal de Nanterre
vote une somme prise sur le revenu communal pour doter
la jeune fille la plus vertueuse de la classe indigente.
Fête patronale le 22 septembre. La commune de Nanterre trouve des ressources abondantes dans son commerce de gâteaux, qui s'élève à 500,000 fr. , son abat-
toir de porcs produit 4,000,000 fr. par an.

Au sud de Nanterre et à l'horizon du voyageur s'élève

le mont Valérien, couvert de vignobles et couronné par un
vaste bâtiment qui, sous la restauration, servait de cou-
vent; il est aujourd'hui abandonné. Le télégraphe seul
anime maintenant cette hauteur. C'est à Nanterre que
commence le magnifique remblai ou chaussée qui va join-
dre le pont de Chatou : nous offrons ici ce point de
rencontre, avec la locomotive qui s'avance pour franchir
le pont.

Un peu plus loin que Nanterre, sur la gauche du voyageur venant de Paris, on aperçoit les jolis villages de
Rueil et de Croissy.

RUEIL (15), à trois lieues ouest de Paris sur la route
de Paris à Rouen, prend le titre de bourg et eut même,
dit-on, celui de ville, sans doute lorsque le cardinal
Richelieu l'habitait. La population de Rueil s'élève à
3500 habitans; mais une garnison toujours assez considérable vient en augmenter le nombre. Des casernes con-

struites exprès servent à loger la troupe. L'église paroissiale de Rueil est fort jolie ; la première pierre en fut posée
en 1584 par Antoine Ier, roi titulaire de Portugal ; le por-
tail actuel a été élevé par le cardinal de Richelieu. Cette
église assez remarquable par quelques détails d'architecture renferme deux beaux tombeaux : celui de Joséphine
et celui du marquis Tascher de la Pagerie.

CROISSY (16) occupe, sur la rive droite de la Seine, une
des plus belles positions que présentent les bords de ce
fleuve aux environs de St-Germain. Parmi les jolies habi-
tations de Croissy, on distingue particulièrement le château et le vaste parc de M. Clément Désormes ; quelques

restes d'anciennes constructions dont nous offrons ici un specimen méritent aussi d'être remarqués.

La maison de plaisance de M. le marquis d'Aligre, pair de France et celle de mademoiselle Foucault offrent des sites agréables et très variés.

Chatou (17). Le chemin de fer laisse sur la droite le pont de ce village et franchit la Seine sur deux ponts en bois d'une élégante architecture. Situé sur la rive droite de la Seine à l'entrée du bois de Vésinet, environné de sites charmans, Chatou offre de toutes parts un riant paysage. L'église sous l'invocation de la Vierge, ne présente à l'extérieur aucun caractère distinctif d'architecture : le chœur et la chapelle latérale indiquent seulement le treizième siècle.

Le château de M. Camille Périer, frère de l'ancien ministre, et maire de Chatou, est l'une des propriétés les plus remarquables de ce bourg. Le parc est situé presque en face des aqueducs de Marly; d'autres bordent la Seine et se prolongent sur une assez grande distance.

Le PECQ (19). Le chemin de fer, après avoir travers la Seine, décrit une légère courbe, pénètre dans la magnique forêt du Vésinet, touche le rond point, et se termine sur la rive gauche de la Seine, en face le Pecq et à côté du pont de ce nom. Nous donnons ici une vue de cette partie importante du chemin de fer, qui lui sert d'embouchure.

Situé sur le versant oriental de la colline de St-Germain, le Pecq jouit d'une fort belle vue sur le cours de la Seine et sur la plaine qui s'étend jusqu'à Paris et à St-Denis. Plus haut s'élève St-Germain.

St-Germain-en-Laye. L'origine de St-Germain remonte au onzième siècle. Vers l'an 1010, le roi Robert y fonda une église. Louis-le-Gros y avait, en 1124, un château royal que les rois ses successeurs firent augmenter et embellir. François Ier fit réparer ce château et y fixa sa résidence. Henri IV, qui se plaisait beaucoup dans ce lieu, ordonna la construction d'un nouveau bâtiment, qu'on appela le château neuf. Louis XIII y vécut. C'est à Louis XIV que l'on doit la construction de cinq pavillons qui flanquent ce vaste bâtiment, et c'est aussi ce roi qui fit achever la magnifique terrasse commencée par Henri IV, elle a 7200 pieds de long. Le château actuel présente un pentagone

régulier flanqué de cinq pavillons et entouré d'un large
fossé. Ce château domine au loin toute la contrée, et était
remarquable par la beauté de ses appartemens et de ses
jardins. Il a été depuis quelques mois transformé en une
prison militaire. Sa situation est une des plus belles des
environs de Paris. Il ne reste plus du château neuf que la
tour où est né Louis XIV, et que l'on a récemment res-
taurée.

On remarque encore à St-Germain l'église paroissiale,
la halle au blé, la salle de spectacle, les écuries, l'hôtel
de Noailles, l'hôpital ; mais ce qu'on ne se lasse pas d'ad-
mirer, c'est la terrasse, magnifique promenade qui s'étend

sur une longueur de 1200 toises depuis le château jusqu'à une des portes de la forêt, qu'elle longe dans toute
son étendue. — Patrie de Marguerite de Valois, fille de
François Ier, de Henri II, de Charles IX, de Louis IX. —
Madame de la Vallière, Jacques II, Marie Stuart et un
assez grand nombre d'autres personnages ont habité St-
Germain. — La *forêt de St-Germain*, l'une de plus
vastes des environs de Paris, est ceinte de murs et con-
tient plus de 5550 arpens. Le parc qui joint le château a
une étendue de 350 arpens, et offre les sites les plus variés. C'est derrière cette magnifique forêt que se trouve
MAISONS-LAFFITTE, avec son vaste parc de 1500 arpens,
transformé maintenant en une délicieuse *colonie*, où çà
et là s'élèvent, sous l'habile direction d'un jeune archi-
tecte, M. Duval, les constructions les plus variées, les
plus agréables, les plus capricieuses qu'il soit possible
de voir. MAISONS est aujourd'hui, grâces, au chemin de
fer, à 40 minutes de Paris, et pour HUIT MILLE FRANCS,
une fois dépensés, on peut y devenir propriétaire d'un
arpent de terre couvert de bois; d'une jolie maisonnette
avec jardin et eau courante! — Malheureusement,
M. Laffitte, abattu par l'âge, accablé par les infirmités,
laisse dépérir les magnifiques ombrages de ce parc, ne
donne aucun soin à ses gazons, n'entretient plus la circulation des eaux; abandon fatal, qui donne déjà à ce
séjour l'aspect d'une ruine précoce.

RENSEIGNEMENS STATISTIQUES

SUR LE CHEMIN DE FER

DE PARIS A SAINT-GERMAIN.

—

M. ÉMILE PEREIRE,
Fondateur et Directeur général de l'entreprise.

—

HEURES DU DÉPART DES CONVOIS.

DE PARIS.	DE SAINT-GERMAIN.
6 h. du matin.	7 h. du matin.
8 h. —	9 h. —
10 h. —	11 h. —
Midi.	1 h. de relevée.
2 h. —	3 h. —
4 h. —	5 h. —
6 h. —	7 h. —
8 h. —	9 h. —

Le trajet d'un point à un autre ne dure que 25 à 30 minutes. Jusqu'à nouvel ordre, il n'y aura point de départs intermédiaires entre Paris et Saint-Germain ; toute la distance sera franchie sans interruption. De la place d'Europe à Asnières : 7 minutes; d'Asnières au Pecq, 19 minutes; du Pecq à Paris, retour 29 minutes.

—

PRIX DES PLACES.

1re Classe.

	fr.	c.
DILIGENCES COUVERTES.	1	50

Ces diligences ont 24 places à l'intérieur et 6 à l'extérieur.

	fr.	c.
WAGONS GARNIS, 40 places	1	50

2e Classe.

	fr.	c.
WAGONS NON GARNIS, 40 places	1	0

Il sera délivré à Paris des places pour l'aller et le rétour, mais pour le jour seulement. — On doit être rendu un quart d'heure avant chaque départ.

Le plus grand nombre de billets qu'une seule personne peut prendre est : Une caisse de diligence de 8 places ; une caisse de wagon de 10 places ; une banquette d'impériale de 3 places. — Les billets ne peuvent servir que pour le jour et l'heure indiqués.

Les bureaux sont : rue de Londres, place de l'Europe.

—

Le matériel dont dispose l'administration du chemin de fer de Paris à St.-Germain se compose de :

FORCE MOTRICE.

12 Locomotives à vapeur de différentes forces, représentant ensemble 360 chevaux.

MOYENS DE TRANSPORT.

5 Berlines fermées.	150 places.	
2 Id. ouvertes.	80	—
8 Diligences	240	—
20 Wagons garnis	800	—
70 — non garnis	2800	—
105 voitures avec	4070 places.	

DISTANCES ET PARCOURS.

La longueur du chemin, depuis la rue de Stockholm, dans le quartier de Tivoli, jusqu'au pont du Pecq, port de Saint-Germain, où sera établie la station d'arrivée, est de. . . . . 18430 mètres,

Subdivisés comme suit :

De Paris aux Batignolles, rue de la Paix. . . . . . . 920 —

De Paris à Clichy, rue de Neuilly . . . . 3,213 mèt.
—   à Asnières, rue de Courbevoie. . , . . . 4,549   —
—   à Colombes, route de Colombes 6,904   —
—   à Colombes, route de Besons 8,198   —
—   à Nanterre, rue du Collège. 11,526   —
—   à Rueil, chemin de Chatou. 13,661   —
—   à Chatou, chemin Vert 14,837   —
—   au Pecq, à l'issue du pont 18,430   —

Le chemin a quatre voies dans Paris et dans les Batignolles; trois voies dans Clichy et dans Asnières, jusqu'à la route d'Asnières à Courbevoie ; deux voies depuis la route d'Asnières à Courbevoie, jusqu'à Saint-Germain.

Largeur de la voie . . . . 1 m 50
Largeur de l'entrevoie 1   80
Largeur de chacun des bords en dehors des voies. . . 1   45

TUNNELS ET PONTS.

Le souterrain des Batignolles est divisé en deux galeries ayant chacune deux voies ; la galerie de droite, commencée le 7 juin 1836, a été terminée le 9 mars 1837 ; la galerie de gauche sera ultérieurement construite.

Largeur de chaque galerie . . . . 7 m 40
Hauteur. 6   00
Longueur 328   70

Le chemin traverse trois ponts sur Seine et quinze ponts sur des routes et chemins.

Le pont sur la Seine à Asnières, terminé le 3 juin 1837, a 12 mètres 65 centimètres; et une largeur pour trois voies.

Les ponts sur la Seine à Rueil et Chatou ont une largeur de deux voies.

Les quinze ponts sur les routes et chemins sont les suivans :

Dans les Batignolles (3), ceux de la rue d'Orléans, de la rue Cardinet et de la route de la Révolte.

Dans Clichy (3), ceux du chemin du Bois, de la rue de Neuilly et de la route d'Argenteuil.

Dans Asnières (2), ceux du chemin de Besons et la route de Courbevoie.

Dans Colombes (3), ceux de la route de Courbevoie à Colombes et ceux de la route de Besons.

Dans Nanterre (3), ceux du chemin de la Folie, de la route de Chatou et du chemin du Vieux-Pont.

Dans Rueil (2), ceux du chemin des Grandes-Terres et du chemin de Chatou à Rueil.

Tous ces travaux ont coûté plus de 6,000,000 fr. Néanmoins les actions créées au capital de 500 fr. sont aujourd'hui à 980 fr.

VOYAGEURS.

Le nombre de voyageurs circulant entre Paris et Saint-Germain avant l'établissement du chemin de fer était :

	Par an
Par les voitures accélérées de Saint-Germain.	320,000
Par les voitures de Poissy	30,000
Par les voitures particulières, les coucous, les tapissières, etc.	50,000
Total des voyageurs.	400,000

Ce qui représente moyennement environ 1100 voyageurs par jour. Depuis l'ouverture du chemin de fer 200,000 voyageurs ont parcouru cette route, c'est-à-dire plus de 7,000 par jour en moyenne.

FIN

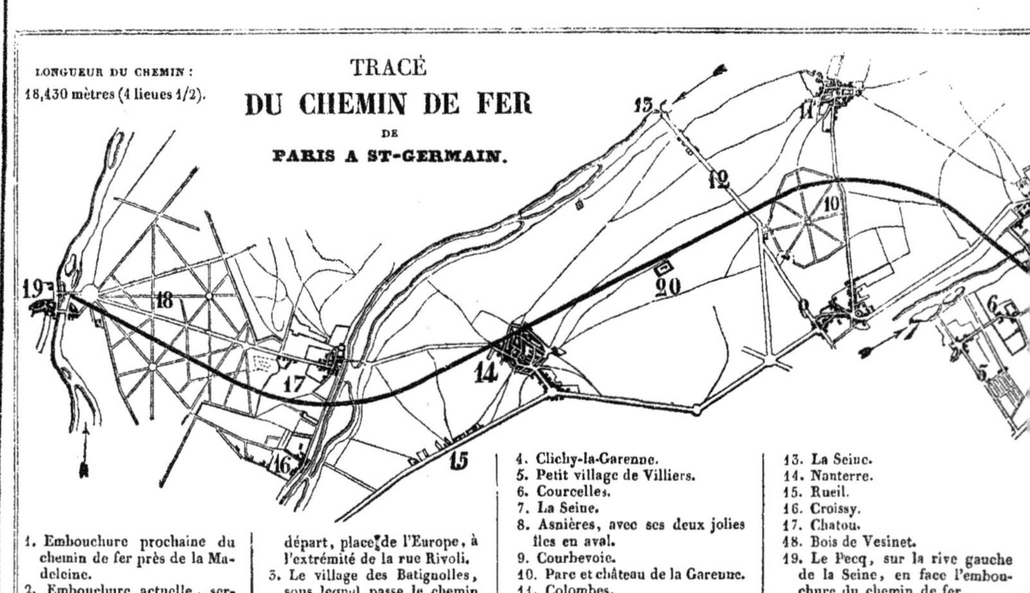

1. Embouchure prochaine du chemin de fer près de la Madeleine.
2. Embouchure actuelle, servant aujourd'hui de point de départ, place de l'Europe, à l'extrémité de la rue Rivoli.
3. Le village des Batignolles, sous lequel passe le chemin de fer en souterrain.
4. Clichy-la-Garenne.
5. Petit village de Villiers.
6. Courcelles.
7. La Seine.
8. Asnières, avec ses deux jolies îles en aval.
9. Courbevoie.
10. Parc et château de la Garenne.
11. Colombes.
12. Route du pont de Besons.
13. La Seine.
14. Nanterre.
15. Rueil.
16. Croissy.
17. Chatou.
18. Bois de Vesinet.
19. Le Pecq, sur la rive gauche de la Seine, en face l'embouchure du chemin de fer.
20. Fabrique de produits chimiques.

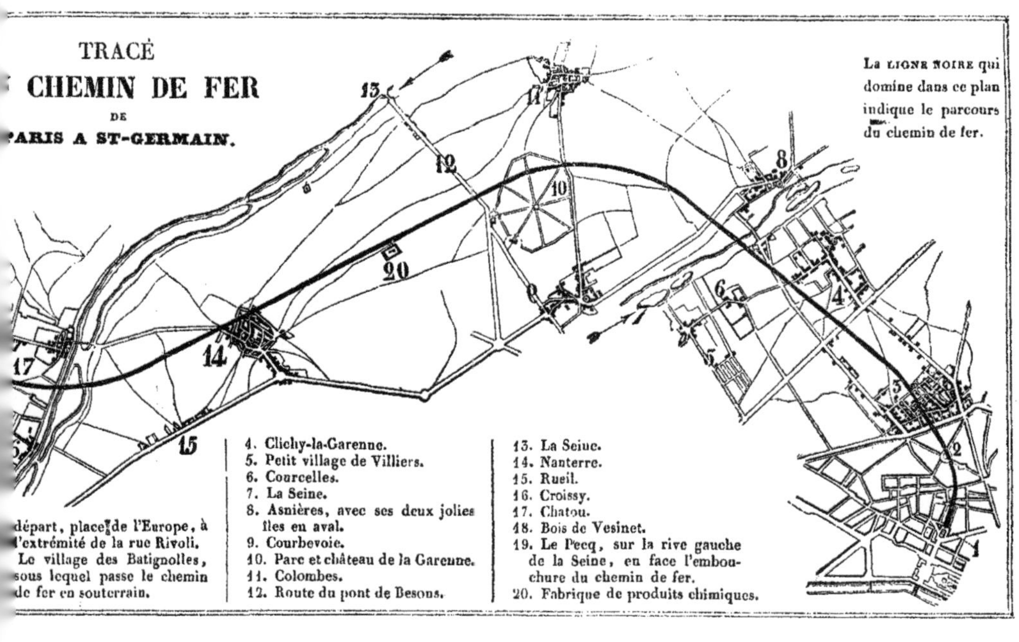

TRACÉ
CHEMIN DE FER
DE
PARIS A ST-GERMAIN.

La LIGNE NOIRE qui
domine dans ce plan
indique le parcours
du chemin de fer.

départ, place de l'Europe, à
l'extrémité de la rue Rivoli.
Le village des Batignolles,
sous lequel passe le chemin
de fer en souterrain.

4. Clichy-la-Garenne.
5. Petit village de Villiers.
6. Courcelles.
7. La Seine.
8. Asnières, avec ses deux jolies
îles en aval.
9. Courbevoie.
10. Parc et château de la Garenne.
11. Colombes.
12. Route du pont de Besons.

13. La Seine.
14. Nanterre.
15. Rueil.
16. Croissy.
17. Chatou.
18. Bois de Vesinet.
19. Le Pecq, sur la rive gauche
de la Seine, en face l'embouchure du chemin de fer.
20. Fabrique de produits chimiques.

LES MERVEILLES DE PARIS.

M. de Rouvières publie, sous ce titre, le plan
et la description des 120 principaux monumens de
Paris. Nous offrons comme spécimen

L'ARC DE TRIOMPHE DE L'ETOILE.

ON SOUSCRIT

AUX MERVEILLES DE PARIS,

Dans les bureaux du *Paris and London Advertiser*,

55, rue Neuve St.-Augustin, près la rue de la Paix.

Chaque livraison, ornée de dix à douze gravures, avec un texte explicatif rédigé
avec élégance et précision, coûtera 50 c. seulement. Les MERVEILLES DE PARIS
formeront dix livraisons, imprimées avec luxe et sur un magnifique papier. Elles
comprendront les 120 principaux monumens de Paris et ne coûteront ensemble
que 5 fr. Les souscripteurs devront verser le prix total de leur souscription pour
recevoir l'ouvrage franco à Paris. Ceux des departemens auront à payer 4 fr.

LES ÉGLISES

ET

LES MONUMENS RELIGIEUX

DE PARIS.